Helge Scholz

Modellbahnträume
Deutsche Reichsbahn

Helge Scholz, geboren 1961, heute freiberuflich tätig, ist Chefredakteur von SSB Medien und verantwortlich für das *Dampfbahn-Magazin* und dessen Spezialausgaben.
Von 1992 bis 2006 war der ausgebildete Fotograf Redakteur beim *Eisenbahn-Journal*. Viele Artikel und Spezialausgaben zu Großanlagen, aber auch großzügig porträtierte Heim- und Vereinsanlagen tragen seine Handschrift. Ferner zeichnet er verantwortlich für Bildbände, historische Bände und den Modelleisenbahnkalender des Bild und Heimat-Verlages.

Helge Scholz

Modellbahnträume
Deutsche Reichsbahn in H0

KOMET

Inhalt

Vorwort

„Zauberhafte Modelleisenbahn" – ist dieser Spruch in unserer technisierten Zeit noch gültig? In einer Ära, wo mediale Freiheit und unerschöpfliche Kommunikationsmöglichkeiten den Geist von der Rückbesinnung zu Romantik, Beschaulichkeit und handwerklicher Kreativität zurückdrängen können und das Blickfeld auf Trends und News und Fun fokussieren?
Ja, er ist und bleibt gültig. Welche Bilder und Erlebnisse uns diese Zauberwelt offenbaren kann, davon soll dieser Bildband erzählen.
Man muss andere Meinungen akzeptieren, die dieses Hobby, die Welt der kleinen Bahnen erobern zu wollen, belächeln und unüberlegt sich abwenden. Schade, so zu denken, denn sich zu beweisen, etwas zu schaffen, dazu im Schulterschluss mit Gleisgesinnten, behütete Kindheitserinnerungen im kleinen zu neuem Leben zu erwecken, kann ein Abenteuer mit den schönsten Erlebnissen werden.
Mit dem Band zur Nenngröße H0 soll eine neue Reihe eröffnet werden. Diesem bildlichen Rundgang über sehenswerte Modellbahnanlagen in H0 sollen weitere mit anderen Nenngrößen oder Epochen folgen. Schauen Sie also mit uns bei der Eröffnungsfahrt aus dem fiktiven Abteilfenster hinaus, staunen Sie, und vielleicht wird diese bei Ihnen „vergrabene Leidenschaft" eventuell wach geküsst.

Oberlichtenau 2013 — Helge Scholz

Zweigleisige Hauptbahn mit Oberleitung

Dampf-, Diesel- und E-Traktion, das bunte Bild auf und neben den Reichsbahngleisen ist auf dieser H0-Zimmeranlage noch einmal zu erleben.

Sage und schreibe 56 Quadratmeter standen Christian Voigt zur Verfügung, um seinen H0-Modellbahntraum aufzubauen. Der Raum wurde nicht blind „verplant". Schon bei der Aufstellung wichtiger Charakteristika der Anlage war eine vorbildgerechte Gleisplankonstruktion oberste Grundlage aller weiteren Überlegungen. Der Betriebsmittelpunkt ist ein großer Durchgangsbahnhof. Dazu sind ein freier Streckenabschnitt, ein Bahnbetriebswerk und eine abzweigende Nebenbahn dargestellt.

Die Palette des Triebfahrzeugbestandes der Deutschen Reichsbahn reichte in den 1970er Jahren noch von rekonstruierten Länderbahnlokomotiven bis zu Neubaufahrzeugen. Und so sind diese schier grenzenlosen vorbildentsprechenden Einsatzmöglichkeiten natürlich ein starker Anreiz, genau diese Eisenbahnepoche im Modell nachzustellen.

Viele kleine Szenen und Details künden von einem wachen Auge des Modellbauers. Ausfahrsignale ziehen die Blicke an, genauso wie ein langsam verkrautendes Schotterbett einer abgebauten Nebenstrecke.

Der Sachsenstolz und die 98er, die auf der Windbergbahn eingesetzt war, dürfen auf einer DR-Anlage eines gebürtigen Dresdner Modelleisenbahners nicht fehlen. Beide haben hier auch ihre klassischen Wagenkombinationen im Schlepp, heißt vierachsige Abteilwagen und Aussichtswagen-Wagen.

Die elegante Streckenführung mit Radien jenseits der 600-mm-Grenze erlaubt lange Züge einzusetzen. In einem weiten Bogen rollen sie auf der zweigleisigen Hauptstrecke zum Bahnhof Radeburg. Er ist für rechtsfahrende Züge letzter Halt vor dem fiktiven Hauptbahnhof. Radeburg erscheint dem Betrachter sofort als ein Vorortbahnhof. Der durchgehende Hauptbahnbetrieb ist von den Personenzügen bestimmt.

Mittelgebirge und Stadtlandschaft – beide Genres werden hier bedient.
Rollen die Züge durch weite Landschaften, so rumpelt in der Radeburger Innenstadt eine Straßenbahn durch Häuserschluchten.
Modellbahn in ihrer ganzen Bandbreite.

Klein Rossau – ein Altmarkabenteuer

Das vorbildgetreue Abbild des Bahnhofs von Klein Rossau in der Altmark ist nur ein Bruchteil der großen H0-Vereinsanlage der Eisenbahnfreunde Kleinbahnen der Altmark Berlin e. V.

„Sollten wir uns nicht allein auf eine Nebenbahn beschränken?“, dachten sich die Modellbahnfreunde, „und wenn schon Nebenbahn, dann kann es auch eine Kleinbahn sein“. So entstand eine zauberhafte Anlage nach Motiven der Kleinbahnherrlichkeit der Altmark mit ihrer einzigartigen Fahrzeugvielfalt auf den Gleisen und im Betriebsablauf der 1970er Jahre. Wahrlich eine außergewöhnliche Zeitreise!

Schon in den frühen 1930er Jahren versuchte man bei den Altmärkischen Kleinbahnen den Bahnbetrieb durch den Einsatz von Diesel-Triebwagen zu rationalisieren. Der „kleine Wettiner" wurde hier eingesetzt, der nach der Verstaatlichung mit Reichsbahntriebwagen aus der Vorkriegszeit den Personenzugdienst recht bunt werden ließ. Übernommene Privatbahnwagen, entmotorisierte Triebwagen, welche zweiachsige Diesellokomotiven schleppten, Kleinbahngüterwagen und letzte preußische T3 vor lupenreinen PmGs – eine heute nicht mehr vorstellbare Typenvielfalt.

Die Kleinbahnen der Altmark erschlossen das Gebiet zwischen Salzwedel und Stendal sowie der niedersächsischen Landesgrenze und der Elbe. Sie umfassten ein weit verzweigtes Netz regelspuriger Kleinbahnen provinzionaler und privater Eisenbahngesellschaften. Bis 1949 wurden diese Bahnen von der Deutschen Reichsbahn übernommen. Die ersten Streckenstilllegungen erfolgten nach 1945.

Die 1980er Jahre der Deutschen Reichsbahn sind auf der H0-Vereinsanlage der Gersdorfer Modellbahnfreunde dargestellt. Im verschlungenen Rundkurs rollen hier Diesel- und E-Lokomotiven durch eine typische sächsische Mittelgebirgslandschaft. Die Hauptstrecke um Reichelsheim ist noch eine Domäne von Altbaumaschinen, obwohl Neubaufahrzeuge schon ihre zukünftigen Plätze beanspruchen.

Auf Rundkurs um Reichelsheim

211 050-0

GLÜCKAUF
BIER
das schmeckt mir!

Ein Prunkstück der H0-Anlage ist die Oberleitung. Die hat ein Experte aus verschiedenen Teilen zusammengelötet, der dies übrigens auch beim Vorbild beruflich gemacht hat! So fahren hier unter dieser perfekten Modellbauarbeit alle E-Lok-Modelle selbstverständlich mit angelegtem Stromabnehmer.
Unterhalb von Reichelsheim, einer kleinen Gemeinde mit altem Stadtkern, verläuft die Trasse ein Stück als Paradestrecke. In einem sehr elegant geführten Bogen konnten die Gersdorfer Modellbahnfreunde die sonst sehr störenden engen Modellbahnradien in den sich anschließenden Tunnelstrecken verstecken. Auf den Gleisen dominiert der Güterverkehr. Ganzzüge, bunt zusammengestellte Wagenschlangen und Expressgut-Leistungen sind zu erleben.

Hinab zum schwarzen Gold

„Glückauf, Glückauf, der Steiger kommt … “
Die Erzgebirgshymne haben die Freunde des Modellbahnclubs Stollberg in den Maßstab von 1:87 umgesetzt. Ihre Vereinsräume befinden sich im Bahnhofsgebäude der Großen Kreisstadt, welches zum Kulturbahnhof umfunktioniert wurde. Stollberg selbst hat keine Bergbautradition, doch in der Nachbarstadt Oelsnitz wurde bis 1971 Steinkohle gefördert. Ein Bergbaumuseum ist auf dem Gelände des Schachtes entstanden. Für das Modell einer Anschlussbahn zu einem Kohlenbergwerk konnte also die nähere Heimat als Vorbild dienen.

V60 1273

„... und er hat sein helles Licht bei der Nacht, und er hat sein helles Licht bei der Nacht schon angezündt' schon angezündt'..." Während der Industrialisierung des Bergbaus haben moderne Beleuchtungsanlagen die alten Lampen der Bergleute abgelöst. Doch ob Öllampen oder elektrische Glühlampen, das Spiel der Lichtstrahlen in den Stollen und im Förderkorb, wo die Reise in die Tiefe des Gebirges begann, fasziniert und zieht die Besucher der Anlage magisch an. So belauscht man oft Gespräche von alten Bergleuten, die ihren Enkelkindern hier bildliche Eindrücke von ihrer schweren Arbeit nahebringen können.

Von einem großen Hauptbahnhof führt über einen Anlagenschenkel eine Nebenbahn zu einem fiktiven Endbahnhof. Ein konkretes Vorbild hat diese Station nicht. Hier beginnt die Anschlussbahn zum Kohlebergwerk, welche schon besichtigt wurde. Nicht minder reizvoll ist der Bahnhof selbst. Auf und neben den Gleisen haben die Modellbahnfreunde viele Alltagsszenen aufgebaut. Noch regiert die Dampftraktion. Einheitslokomotiven und sächsische Länderbahnmaschinen stehen zuverlässig im Strecken- und Rangierdienst.

Schwarze Riesen unter sich

Bahnbetriebswerke der Dampflokzeit sind für die Eisenbahnfans meist „uneinnehmbare Bastionen" und Sehnsuchtsorte zugleich. Hier, wo die schwarzen Riesen umsorgt werden, ist das Eldorado eines jeden Dampflokfreundes. Heute sind diese Paradiese verschwunden und daher Anreiz, sie im Modell wieder auferstehen zu lassen.

Bei der H0-Anlage Engelshausen handelt es sich um ein Modul mit dem Thema Bahnbetriebswerk. Jürgen Engelking hat es zum einen zur Bereicherung diverser Modellbahnausstellungen seines Clubs aufgebaut und zum anderen, um seinen Modellen in den eigenen vier Wänden hin und wieder Auslauf zu bieten.

03 2157-0

Besandungsanlage
89 6225
01 114

Dargestellt ist ein Bahnbetriebswerk zur Dampflokunterhaltung im Stil der DR Anfang der 1970er Jahre. Eine Hauptstrecke könnte den Bahnhof tangieren, zu sehen ist sie allerdings nicht. Rassige Schnellzugmaschinen rollen aber von dort heran und werden neben kleinen dreiachsigen Rangierlokomotiven versorgt. Dem Betrachter wird ein breites Spektrum geboten. Das Zufahrtgleis mündet nach der ersten Weiche unter dem Kohlebunker. Vorbildentsprechend ziehen die Maschinen nach dem Befüllen der Kohlekästen über die Untersuchungsgrube zum Wasserkran vor. Dann folgt die Drehscheibe mit dem dahinterliegenden Rundschuppen.

Wilzschhaus – Station im Wald

Diesen Bahnhof, an der früheren Strecke von Chemnitz nach Adorf, und heute vom Förderverein westsächsischer Eisenbahnfreunde liebevoll aus dem Dornröschenschlaf geweckt, haben Leipziger Modellbahnfreunde zum Thema einer H0/H0e-Clubanlage gewählt. 1964 herrschte hier Hochbetrieb, den die Leipziger bis ins Detail perfekt eingefangen haben.

Die gesamten Hochbauten des Bahnhofs findet man auf der Clubanlage im Maßstab von 1:87. Als die H0/H0e-Anlage Mitte der 1980er erbaut wurde, besuchten die Modellbahnfreunde den Bahnhof zur genauen Vermessung der Gebäude. Sie fanden ein verlassenes Klinkergebäude vor. Der Güterschuppen drohte zu verfallen und die Umladehalle suchten sie vergeblich. Dass sich die Gebäude in Wilzschhaus eines Tages in einem vorbildlich restaurierten Zustand präsentieren würden, ahnte damals niemand.

Dennoch ist die Clubanlage dem Vorbild ein Stück voraus. Heute liegen in Wilzschhaus immerhin schon drei Gleise und die Rollwagengrube. Die Ausfahrt nach Carlsfeld ist aber noch Zukunftsmusik.

Ist der Bahnhofsbereich gewissermaßen „kompromisslos" aufgebaut, so mussten die Leipziger Modellbauer im Bereich der Wilzschtalstraße etwas künsteln. Für die Wohnhäuser rechts der Straße blieb kein Platz. So wurde genügend Raum freigehalten, die Ausfahrt nach Carlsfeld zu gestalten. Vermissen wird man die Häuser nicht, denn die Anlage ist ein Gesamtkunstwerk, und darauf kommt es an.

Winterzeit, schönste Zeit, Schnee fiel über Nacht

Nachdem eine Winteranlage von Hans-Joachim Bänsch schon einmal für Aufsehen gesorgt hatte, entstand nach und nach der Plan für eine 6 x 3 Meter messende Nachfolgeanlage mit Rundum-Fahrbetrieb. Nach der Darstellung der Windbergbahn auf der ersten Winteranlage wollte der Modellbauer diesmal wegen des hohen Aufwands nicht mehr nach einem konkreten Vorbild bauen, doch sollte die Landschaft preußisch-sächsisch gestaltet sein. Und der Winter sollte erneut sein weißes Kleid über die Landschaft ausgebreitet haben.

17 1137

Von den vielen Bäumen auf der Anlage sind die Nadelbäume Industrieprodukte. Sie wurden mit Abtönfarbe bestrichen und dann überpudert. Das Grundmaterial für die kahlen Laubbäume ist vor allem aus Hecken herausgesucht, zugeschnitten und geformt. Bei ihnen beschränkt sich die farbliche Behandlung auf ein leichtes Weiß. Manchmal wurde auch eine Sprühdose verwendet.

Der Fluss, den drei Eisenbahnbrücken queren, ist aus einer von unten bemalten Scheibe gewellten Fensterglases hergestellt.

01 069

Von der Festung Königstein stromabwärts zur Bastei

Klaus Richter hat auf einer imposanten Schauanlage seine Heimat im Modell nachgestaltet – die Elbtalbahn bei Königstein. Ohne Zweifel eine Anlage der Superlative, die in mehrjähriger Bauzeit entstand und deren Fertigstellung wohl noch lange nicht abzusehen ist.
Die Festung Königstein und das gegenüberliegende Lilienstein im Modell zu erleben faszinierte schon tausende Besucher. Doch das Eindrucksvollste ist der Bahnbetrieb der späten 1960er Jahre am Ufer der beiden nachgestalteten Elbschleifen mit Klassikern jener Zeit.

Jahrelang war das Modellbauteam nach der Betriebsfreigabe mit der Landschaftsgestaltung beschäftigt. Ihre Vorbilder fanden die Modellbauer direkt vor der Haustür. Nur wie war das Sandsteinmassiv der Bastei, der König- und Lilienstein nachzubauen? Gelöst wurde das Problem mit graviertem Styrodur, einem Schaumstoffprodukt, das Modellbauer von Heimanlagen genauso verwenden wie die Landschaftsbaukünstler aus Königstein. Vom vorbildgerechten Aussehen der Felsen ist mancher Besucher verblüfft. Ebenso perfekt konnte die Elbe nachgestaltet werden. Wie das alles vollbracht wurde, erklären die Modellbauer ihren Gästen gern und haben dazu sogar einige Modelle in verschiedenen Bauabschnitten ausgestellt.
Beide Motive zeigen den unterhalb der Bastei liegenden Betriebsbahnhof Rathen mit seinen Überholungsgleisen.

Den Blick auf die Ausfahrt aus Rathen nach Wehlen kann man als Besucher der Anlage auch genießen, den vom Oberdeck eines Elbdampfers stromaufwärts leider nicht – der ist allein dem Modellbahnfotografen vergönnt …

Mit der Kraft ihrer Zylinder eilt eine Maschine der Baureihe 18 durch das Elbtal. Weder Lokomotive noch Wagenreihung noch Bahnhofsanlage sind heute so zu sehen. Es ist eben die gute alte Dampflokzeit!

Einem schon europaweit bekannten und fast täglich von Eisenbahn- und Fotofreunden aufgesuchten Streckenpunkt ist dieses Motiv zwischen Rathen und Königstein gewidmet. Der Bahnübergang mit dem Fachwerkhaus bei Strand durfte auf der H0-Anlage nicht fehlen. Im Hintergrund die Personenfähre von Rathen mit den Warnbojen ihres Girschseiles.

BERNHARDSTAL
119 006-5

Bernhardtstal – eine klassische Heimanlage

Eine Thüringer Nebenstrecke mit abzweigender Schmalspurbahn trägt die Heimanlage von Detlef Serbser. Beim Besuch in Bernhardtstal möchten wir nicht hinter, sondern genau auf die Kulisse schauen und das, was davor mit viel Können geschaffen wurde. Klein, fein, mein! So könnte man auch diese hier vorgestellte Modellbahnanlage beschreiben, die in sich abgeschlossen eine kleine Welt im Rundum-Verkehr zeigt.

Detlef Serbser hat vom ersten Augenblick der Landschaftsgestaltung an versucht, das Bahngelände und die Trassen geschickt in die Landschaft einzufügen. So gibt es hier beispielsweise keine wilden Stützmauerkonstruktionen, welche mit aller Gewalt der Trasse ihren Freiraum schaffen. Die wirkliche und nicht erzwungene Harmonie von Landschaft und Eisenbahn ist wohl das Markenzeichen dieser H0-Heimanlage.

Die Anlage wurde nicht nach einem Vorbild geplant und ausgestaltet. Die Fantasiegeschichte trägt dennoch gewisse Bezüge zur Eisenbahnrealität vergangener Jahre. Ansätze, die H0m-Strecke mit einzubinden, waren Exkursionen zu Resten und verlassenen Trassen der im Jahr 1966 eingestellten Gera-Wuitz-Mumsdorf meterspurigen Schmalspurbahn.

Die Illusion einer weiten Thüringer Landschaft ist hier in Perfektion umgesetzt worden. Neben dem Spiel von Licht und Schatten in den entfernten Landschaftspartien ist die farbliche Übereinstimmung von Modellbahnanlage und Kulisse hervorzuheben.

Ein dreidimensionales Modellbahnerlebnis ist die ganze Anlage dank einer perfekt gezeichneten Hintergrundkulisse mit Sicherheit. Hier ist der Charme einer gut gemachten, geplanten und betriebssicheren Heimanlage greifbar. Dass sich die Besucher auf Ausstellungen mehr zu diesem Kleinod hingezogen fühlen und es den „ellenlangen Clubanlagen" mitunter die Show stiehlt, soll nicht verschwiegen werden.

Feuer, Wasser und Kohle

Auf Heimanlagen ist die Nachbildung eines Dampflok-Bahnbetriebwerks schwer zu realisieren. Das hier gezeigte Bw nimmt gleich gut zwei Quadratmeter Anlagenfläche in Anspruch. Hier dürfen Sie sich zwischen Kohlebansen, Wasserkran, Schlackeaufzug und Drehscheibe umschauen. Es riecht regelrecht nach Dampflok, nach Öl und fettigem Wasserdampf.

In einem Bahnbetriebswerk gibt es wohl nur in den Nachtstunden etwas Ruhe. Aber auch dann ist das Gelände um den Rundschuppen noch vom steten Kommen und Gehen der Maschinen geprägt. Laut poltern die Kohlebrocken in die Tenderkästen, Wasser schwillt in geöffneten Klappen, tausende Wasserperlen auf fettigem Stahl lassen Lichter erstrahlen. Dazu wird die Szenerie von einem Japsen und Gurgeln, Zischen und Hämmern getragen, eine Stimmung, wie sie unserer technisierten Zeit eigentlich fremd ist. Es zu spüren, zu verinnerlichen oder zu verstehen, wie es wohl einstmals war, das beschreibt die Qualität eines Modellbaus am Besten.

Annaberg, die heimliche Hauptstadt des Erzgebirges, war einst ein Eisenbahnknotenpunkt. Züge aus Chemnitz erreichten die Bergstadt, andere aus Schwarzenberg kommend, weitere aus Bärenstein und früher sogar aus dem böhmischen Komotau. Impressionen der verschwundenen Eisenbahnherrlichkeit zwischen dem Annaberg-Buchholzer Südbahnhof mit seinem Bahnbetriebswerk und der Station unter Bahnhof, weit unterhalb der Altstadt, hat der Annaberger Thomas Barthelt auf einer Heimanlage eingefangen.

Annaberger Impressionen

Nicht nur, dass die Feuer der Annaberger Maschinen schon lange erloschen sind, das ganze Ensemble mit der hinter dem Heizhaus liegenden Drehscheibe ist nur noch auf der Heimanlage zu sehen. Dass die Beschäftigung mit dem Thema Modelleisenbahn Spaß bereitet, zeigt der Erbauer der Heimanlage auf seine ganz besondere Weise: Die Olsenbande hat einen neuen Plan und schleicht um die Post und muss wohl schneller sein als Fantomas.

Mit der 38 205 und der 58 1111-2 stehen zwei „Superstars“ an der Annaberger Lokleitung und warten auf neue Einsätze. Ihre Vorbilder haben einstmals die Strecken um Annaberg zur Freude vieler Eisenbahnfreunde befahren.
Verbringt die 38 205 inzwischen in Chemnitz ihren Lebensabend, so steht 58 1111, die einst aus Aue herüberschnaufte, noch heute fest im Dienst bei einer Museumsbahn in Württemberg.

Bad Schandau – Schnittpunkt zur ČSD

Eine Modellbahnanlage zum Abbild des Originals zu führen ist für den Erbauer eine Herausforderung. Klaus Richter und seine Mitstreiter haben sich dieser Aufgabe gestellt, um die Miniatur-Elbtalbahn im Maßstab 1:87 entstehen zu lassen. Wir laden Sie zu einer Elbtalwanderung der besonderen Art ein und entführen Sie hier in den früheren Grenzbahnhof Bad Schandau, wo auch Dampflokomotiven der ČSD wendeten.

Die Nebenstrecke von Sebnitz wird mittels der eisernen Carolabrücke über die Elbe geführt. Ein Altbau-VT rollt gerade über das Bauwerk, als wir an Bord eines Schaufelraddampfers Bad Schandau ansteuern.
Hinter dem Bw mündet das Gleis in den früheren Grenzbahnhof zwischen Deutscher Reichsbahn und der ČSD.

Im dargestellten Zeitfenster der Streckengeschichte, den frühen 1970er Jahren, war die Dampftraktion noch dominierend. Beide Bahnverwaltungen ließen ihre Maschinen in Band Schandau restaurieren.

Doch die moderne Bahn zieht auch auf der Miniaturelbtalbahn zunehmend die Züge. Klassiker des internationalen Verkehrs werden aber noch von rassigen Schnellzugmaschinen befördert. Das entsprechende Material bieten die Produzenten, das Modell des Schandauer Empfangsgebäudes musste dagegen für einen Lasercut-Auftrag in vielen Stunden konturiert werden. Das Zusammensetzen glich einer Sisyphusarbeit. Die Mühen haben sich aber wirklich gelohnt!

Mit Diesel nach Neustadt

Vieles auf einer Modellbahnanlage wird selbst hergestellt. Die Stollberger Modellbahnfreunde gehen da einen Schritt weiter und gestalten sich „ihr eigenes Wetter“ mit einem nebelverhangenen Flußtal. Ideen muss man haben!

Neben der auf Knopfdruck erscheinenden Nebelwand bietet die Anlage im Stollberger Kulturbahnhof weitere Highlights. Manche davon sind Umbauten „zum Opfer" gefallen. So haben der Bahnhof Neustadt und die dorthin führende Strecke in den letzten Jahren eine vollkommene Veränderung erfahren. Den Fahrzeugpark haben auch einige Neuanschaffungen bereichert. Eines ist geblieben, womit die Stollberger Modellbahnfreunde durchaus Anerkennung finden – nicht immer eine Dampflok vor die Züge zu spannen!

3 MITTELSTADT 2

Mit Modellen des VT 18.5 und dem DR-Dieselklassiker, der unverwüstlichen 110, bekommen die Gäste Sonderfahrzeuge, aber auch ganz bekannte Vertreter der Dieseltraktion zu sehen. Dass unter den Modellbahnfreunden auch Profil-Eisenbahner wirken, erkennt man an den perfekten Zugkompositionen und manch besonderer, dennoch in Sachsen ganz vorbildgerechter „Beladungsidee".

Markttag in Neustadt. Von solchen Szenen am Rand der Gleisanlagen lebt ein Modellbahntraum, sei es die kleinste Heimanlage oder das gewaltige Clubprojekt. Eines sollten beide erkennen lassen: die Liebe zum Detail.

Kreuz und quer bis nach Klein Rossau

Reisender, willst du in die Altmark, musst du umsteigen! Von Wittenberge kommend steigen wir hier in Arendsee Staatsbahnhof aus. Der Personenzug setzt seine Fahrt nach Salzwedel fort. Aber Arendsee verfügt über einen weiteren Bahnhof. Gegenüber dem Bahnsteig steht ein Schild „Zu den Zügen der Kleinbahn". Von dort aus schaukeln die schönsten Garnituren kreuz und quer durch die altmärkische Weite von Bahnhof zu Bahnhof, und der Fahrplan will es, auch nach Klein Rossau.

89 6207 hat bei unserem Besuch Zugdienst vor dem antriebslosen Wittfeld-Triebwagen. Kurz vor dem Kleinbahn-Bahnhof erblicken wir das seltsame Gespann ein erstes Mal, genau in Höhe des Verbindungsgleises zur Staatsbahn. Während sie im Endbahnhof umsetzt und restauriert, rollt VT 801 als schon folgender Personenzug gen Rossau davon.

Der VT801, den wir aus Arendsee ausfahren sahen, tuckert aus Klein Rossau in Richtung Stendal davon. Ein besonderer Reiz der Kleinbahnen in der Altmark war der vielfältige Fahrzeugpark, in dem sich lange Zeit viele Splittergattungen fanden. Als Ersatz für einen kleinen Personenzug fährt mitunter eine V 15 mit nur einem zum Personenwagen „rückgebauten" Triebwagen.

Ein vergilbtes Foto aus der Schatzkiste lässt erahnen, was hier zur Blütezeit der Bahn beim Aufeinandertreffen von Staats- und Privatbahn zu erleben war.

Von einem kleinen Hügel vor dem Klein Rossauer Einfahrtssignal aus bietet ein Logenplatz beste Blicke auf einen mit einer ELNA bespannten Güterzug.

Was für eine Garnitur! Zwei Beiwagen von Altbautriebwagen, bespannt mit einer blauen V 15 als Triebwagenersatz.

Durchfahrt in Stadt Wehlen

„Zurücktreten von der Bahnsteigkante!“ So könnte es öfters am Tag aus den Lautsprechern des Bahnhofs von Stadt Wehlen schallen. Die Station ist ein klassischer Durchgangsbahnhof. Vielleicht ist das schon „übertrieben“. Keine Weiche ist hier zu sehen, dennoch herrscht viel Betrieb mit den unterschiedlichsten Zügen im Personen- und Güterzugdienst. Ausflügler strömen aus den haltenden Personenzügen, denn Stadt Wehlen ist sozusagen das Tor zum Nationalpark Sächsische Schweiz – beim Vorbild und im Modell.

Café Richter
Stadt Wehlen (Sachs)
HEIZÖL

DEUTSCHE REICHSBAHN

Eine Hintergrundkulisse ist für diese Modellsituation eigentlich unumgänglich. Die der Station den Namen gebende Stadt liegt in Wirklichkeit auf der anderen Elbseite und lockt mit verschiedensten Lokalitäten und regionalen Gaumenfreuden. Streben die Gäste in die Wein- und Biergärten, ist den Anwohnern hingegen ihr Schrebergarten heilig.

Es waren nur wenige Handgriffe nötig, um den erhältlichen Bahnhofsbausatz ganz genau seinem Vorbild anzupassen. Versionen dieses Gebäudetyps finden sich an weiteren Stationen zwischen Flöha, Pockau/Lengefeld und Reitzenhain. Mit der schieferverkleideten Giebelwand und der kleinen Bahnhofsgaststätte ist das Modell treffend verfeinert worden. So sah es also 1960 in „Gelobtland" aus.

Marienberg-Gelobtland

Diese Station hat ein Vorbild. Züge auf dem Weg von Flöha bis hinaus nach Reitzenhain an der sächsisch-böhmischen Grenze passierten Marienberg-Gelobtland meist ohne Halt. Eine große Holzladerampe sammelte das frisch geschlagene Stammholz aus den umliegenden Wäldern, bevor es dann auf Rungenwagen-Schlangen den Weg hinunter zu den Sägewerken im Flöhatal nahm. Nachdem der Zugbetrieb zum früheren Grenzbahnhof eingestellt wurde, verfiel die Szenerie in einen Dornröschenschlaf. Wachgeküsst wird sie nur im Modell.

Auf zwei Ebenen durchs Steinachtal

Ist es möglich, den Reiz der Nebenstrecken im Thüringer Wald, der grünen Lunge Mitteldeutschlands, im Modell nachzugestalten? Wohl nur auf Großanlagen. Zu finden sind solche romantischen Streckenabschnitte im dichten Tann auf der H0-Anlage des Ostthüringer Modellbahn-Clubs Gera.

Nach Probstzella macht sich eine 95er mit einem Personzug auf. Schon auf dem Lauschaviadukt beginnt der Kampf gehen die Steigungsabschnitte. Leichter hat es dabei die Maschine der Baureihe 119. Sie hat die letzten Vertreter der legendären Länderbahngattung T 20 ersetzt. Die scherzhaft als „U-Boot" bezeichnete Maschine rollt nach der Durchfahrt des Lauschensteintunnels auf zwei Ebenen hinunter ins Steinachtal.

Kommen Sie mit, steigen Sie in Gedanken in die Wagen ein und reisen mit Personenzügen oder Sonderfahrten durch den Thüringer Wald, wie es bis 1981 noch hinter einer der mächtigen T 20 möglich war. Auf der Geraer Clubanlage kann das noch einmal im Modell nachvollzogen werden, was Hunderte, wenn nicht gar Tausende Eisenbahnfreunde in den malerischen Glasmacherort Lauscha zog: Dampfeisenbahnromantik in atemberaubend schöner Landschaft.

Endstation vorm Erzgebirgskamm

Der „Skibahnhof“ Hermsdorf-Rehefeld ist bei Langlaufbegeisterten eine bekannte Adresse. Kilometerlange Loipen von Holzhau bis nach Moldau hinter der sächsisch-böhmischen Grenze lassen das Herz des Wintersportlers höher schlagen. Nur wissen die wenigsten, worauf sie so bequem durch das Osterzgebirge laufen – auf einer stillgelegten Eisenbahntrasse! Das alte Bahnhofsgebäude wurde in das Hotel integriert, und im Foyer ist ein kleines Eisenbahnmuseum nebst einer Zeitreise in die 1950er Jahre zu sehen, als die Dampfzüge noch vor dem Bahnhof Halt machten.

Dort, wo die Gleise lagen, kann man heute im Sommer vortrefflich durch einen wieder gesunden Erzgebirgshochwald wandern und im Winter die gespurten Loipen testen. Nachdem im Jahr 1945 der grenzüberschreitende Verkehr nach Moldau und weiter bis Dux in Böhmen gekappt wurde, war auch ab Mitte der 1960er Jahre in Hermsdorf-Rehefeld kein Wagenquietschen mehr zu hören. Das Schaustück erinnert an eine längst vergangene Zeit.

86er und 94er waren hier zu Hause und schleppten die schweren Güterzüge über den Berg. In den letzten Jahren gestaltete sich der Betrieb recht bescheiden. Urlauber mit Reisegepäck waren zu befördern und einige Wagen für den örtlichen Kohlehändler. Das Schnittholz war dagegen bei den Freiberger Unternehmen sehr begehrt.

65 1057-2

Motive ohne Ende im Spitzkehrenbahnhof Lauscha

Pkws verschiedener Nationalitäten donnern durch die zauberhafte Glasmacherstadt mit ihren Schieferfassaden. Kreischende Bremsen, rund um den Bahnhof verlassen die Insassen Hals über Kopf ihre Autos, Stimmengewirr deutscher Dialekte durchzogen mit holländischen und englischen Wortfetzen, sogar manch asiatische Ton, Männer schleppen Leitern und Kisten für ganz spezielle Ausblicke. Die Anwohner nehmen es gelassen und haben dafür schon ein Schmunzeln übrig. Was hier passiert? Ganz einfach – ein Dampfzug kommt, und jeder möchte das Motiv am Stellwerk aufnehmen!

95 027

Den Spitzkehrenbahnhof von Lauscha an der Verbindung von Probstzella nach Eisfeld via Sonneberg haben die Geraer Modellbahnfreunde bis ins letzte Detail nachgebildet. Daran, dass auf der H0-Clubanlage das Betriebsgeschehen Mitte der 1970er Jahre mit der Alleinherrschaft der Baureihe 95 dargestellt werden soll, gab es keinen Zweifel. Ebenso war man sich klar darüber, dass alle Gebäude im Eigenbau hergestellt werden müssen. Keine leichte Aufgabe, doch das Ergebnis spricht für sich, und die staunenden Besucher stehen teils stundenlang vor der Anlage. Anerkennung ohne Worte.

Ein Sprung ins Jahr 1980. Noch ist die Welt auf den Thüringer Gleisen in Ordnung. Der „Rennsteigbulle" schleppt die Züge über den Berg, und gefiederte Gäste zwischen den Gleisen lassen sich kaum verschrecken. Doch es rumort im Forst! Vorboten des unaufhaltsamen Traktionswechsels sind eingetroffen. Erste Importmaschinen der Baureihe 119 übernehmen den Dienst.

Atemberaubende An- und Aussichten bietet die Geraer Clubanlage, die schon zu mancher Modellbahnschau auf Reisen ging. Bis hinauf nach Oberlauscha geht der Blick. Und bis zur Baumgrenze auf dem Kamm muss der gerade den Spitzkehrenbahnhof verlassende Personenzug „hinaufkrabbeln“. Dort liegt dann Ernstthal, eine Station, die auf einem zweiten Anlagenteil der Modellbahnfreunde einmal zu sehen sein wird.

Zwei alte Triebwagen-Beiwagen genügen für die wenigen Reisenden von Altlandwitz nach Landwitz. Man wäre wohl per pedes schneller, munkelt man manchmal in den Wagen, wenn die V 15 am Anschlussgleis des VEB Rote Mütze, einem Kieswerk, noch einen Güterwagen aufnehmen muss. Bei der Rückfahrt geht es mit zwei Güterwagen auf die kurze Strecke, und der Alltag in der Region am Ende der Welt wird nicht sonderlich gestört.

Altlandwitz

„Klein, aber fein“, so könnte man die auf zwei schmalen Anlagenbrettern aufgebaute Heimanlage von Michael Kirsch treffend beschreiben. Vom weichenlosen Haltepunkt Altlandwitz schwingt sich das Gleis dieser Nebenstrecke an einer Schotterverladeanlage vorbei hinüber zum Landbahnhof Landwitz. Gefahren wird mit dem, was die Deutsche Reichsbahn hier als ausreichend findet, und im Modell sind die Kombinationen aus V 15 und antriebslosen VT-Beiwagen ein Augenschmaus!

Was ist passiert, denken sich die Badegäste, als plötzlich eine T 3 mit Schlepptender und einer regelrechten Wagenschlange den Strand umrundet. Nun, Modellbahn soll bekanntlich Spaß machen, und so rollt neben wunderschönen Dieselbespannungen eben einmal ein Dampfzug als Höhepunkt des Modellbetriebstages auf der landschaftlich wunderschönen Strecke.

Altlandwitz

Die Nasse Telle

Dem Modell des „Nasse Telle Viadukts“ haben die Geraer Modellbahnfreunde eine eigene Anlagenpartie gewidmet. Das Vorbild ist heute nicht mehr in dieser Form zu sehen. Mit den Viadukten über den Finsteren Grund und über die Piesau sowie dem Lausaer Viadukt gehört es zu den einzigen vier Eisenbahnbrücken aus Stampfbeton, die in Deutschland gebaut wurden. Die linke Aufnahme zeigt, wie das Vorbild-Bauwerk von vielen Eisenbahnfreunden ins Motiv gerückt wurde, sozusagen ein „Klassiker“.
Der Hang bot nur wenigen Fotografen Platz für den berühmten Schuss auf den Tender voran bergwärts fahrenden Zug mit den Fichtenkronen im Bild.

Wer eine „Kreuzspinne" besitzt, sollte sich freuen. Das perfekt gelungene Modell der 98 001 ist längst ausverkauft. Mit der Entwicklung des Modells der Länderbahnmaschine der Lokomotive Bauart Meyer wurde ein hohes Qualitätsniveau geschaffen.
Mit der „Reko-G 12", der Baureihe 58.30, hatte Gützold mit einer weiteren DR-Maschine eine Lücke im Modellangebot geschlossen.

Zwickauer Meisterwerke

Die Qualität einer Modellbahnanlage, selbst eines kleinen Dioramas oder Schaustückes wird dadurch bestimmt, inwieweit der Erbauer es geschafft hat, Modelllandschaft und Fahrzeugpark zu einer Symbiose zu führen. Verschiedenste Hersteller haben hierfür Spitzenmodelle auf die Gleise gestellt. Zu diesen sind die Meisterwerke des Zwickauers Bernd Gützold zu zählen. Einige der H0-Modelle nach Vorbild der Deutschen Reichsbahn sollen hier präsentiert werden.

Zwei Lokomotivmodelle dürfen eigentlich auf keiner DR-Anlage fehlen: die Baureihe 86 und die Baureihe 106. Die Tenderlokomotive ist auf der Nebenstrecke das „Mädchen für alles". Personenzüge, Güterzüge und Rangieraufgaben kann sie übenehmen.
Die Diesel-Rangierlok der Baureihe 106 ist ein weiteres Erfolgsmodell des Zwickauer Familienunternehmens und ebenfalls auf jeder Nebenstrecke zu sehen.

Dresdner Nahverkehr

1983 fanden sich einige Modellbahnfreunde in Dresden zusammen und erarbeiteten ein Konzept für eine Straßenbahn-Anlage in H0. Da viele dieser Modellbahner bei den Dresdner Verkehrsbetrieben tätig waren bzw. sind, lag es nahe, verschiedene Motive aus ihrem Arbeitsgebiet nachzuempfinden. Die Wahl fiel dabei auf den Abzweig nach Hellerau, den Straßenbahnhof Naußlitz und den Endpunkt Bühlau. Mittendrin rumpelt noch am Rand des Reichsbahngeländes eine Feldbahn durch die Szenerie.

Die Strecke der Feldbahn in Richtung Grube teilt sich unmittelbar vor dem Hellerauer Abzweig im Hintergrund.
Eine Erinnerung an frühere Zeiten: Partie am Nausslitzer Straßenbahndepot. Auf der Kesselsdorfer Straße geht es hektisch zu, und zudem rückt noch ein Bahndienst-Triebwagen zur Arbeit aus.

Von einem der ersten neuen Gorbitzer Neubaublöcke könnte man diesen Blick auf die Kesselsdorfer Straße hinunter zum Abzweig des Wölfnitz-Nausslitzer Straßenbahn-Bahnhofs erhaschen. Heutzutage sind hier modernere Züge unterwegs, und die Szenerie ist nicht wiederzuerkennen.

Der Abzweig Hellerau von der Stadt aus gesehen. Den Verkehrsknoten schneidet auch noch die Feldbahnstrecke.

Die Straßenbrücke über die Weißeritz in Dresden-Cotta. Hier mündet der Fluß in die Elbe. Im Hintergrund die angedeuteten Rangieranlagen des Güterbahnhofs Dresden-Friedrichstadt. Das Schaustück ist eine kleine Zeitreise ins Dresden der 1970er Jahre. Straßenbahnen und Feldbahnen nachzubilden ist eine wertvolle Ergänzung des Reichsbahnflairs und erstaunlich selten zu sehen. So soll hier der „kleine Hecht" auf der Linie 18 im Mittelpunkt stehen und die Deutsche Reichsbahn die Nebenrolle übernehmen.

Vorbild oder Modell?

Diese Frage dürfen Sie selbst beantworten. Das Diorama vom Keilbahnhof Badel soll die Bilderreise beschließen.

H

H

Save the Best for Last – wer kennt nicht diesen Welthit von Vanessa Williams? Ist es erlaubt, eine Modellbahnstimmung mit dieser bezaubernden Komposition gleichzusetzen? Warum nicht, denn die eingefangenen Abendstimmungen im Bahnhof Badel sind einfach etwas Besonderes!
Vorbild oder Modell? Die Frage darf bei den hier gezeigten Motiven durchaus gestellt werden. Ein genau nach Vorbildvorlagen errichtetes Diorama vom Altmarkbahnhof Badel wurde mit perfekt von Jörg List gesuperten Modellen im Freien fotografiert. Immer weiter senkte sich die Sonne, immer intensiver wurden die Erlebnisse und Eindrücke von dieser außergewöhnlich schönen kleinen Modellbahnwelt…

Kiefernwälder, Äcker und Weiden – eine weite Landschaft, in der es genügend Raum für die beiden in Badel aufeinanderstoßenden Strecken gibt. Kiesbettung, vermoderte Schwellen, alte Telegrafenmasten, einfache Arbeitsmittel und das gesamte Panorama von Badel verleihen dieser Szene ihren einmaligen Reiz!

Gemächlich klappert die 64er, der „Bubikopf", das Symbol der Altmarkstrecken, aus Badel hinaus und weiter in die Mark hinein bis Kalbe.
Im Licht der untergehenden Sonne ein letztes Rendezvous am aufgeschütteten Bahnsteigsplateau in der Spitze des Keilbahnhofs. Eine kleine Rauchfahne scheint aus dem Schlot emporzuschweben. Stimmengewirr, Koffer werden verladen, man winkt noch nach Väter Sitte zum Abschied mit dem Taschentuch. Dann die Weiterfahrt des aus Beetzendorf kommenden Personenzuges via Badel ins schon langsam schlafende Kalbe. Ein Altmarktraum – ein Modellbahntraum, mit viel Liebe errichtet und eingefangen, und ja, ein wenig geträumt.

Hiermit möchten sich Verlag und Autor recht herzlich für die Unterstützung aller Modellbahnfreunde bedanken, deren Heim- und Clubanlagen in diesem Bildband vorgestellt werden:

MEC Stollberg Erz. / Ostthüringer Modellbahnclub Gera e.V. / Kleinbahnfreunde der Altmark e.V. Berlin / Christian Voigt / Jörg List / Hans-Joachim Bänsch / Thomas Barthel / Michael Kirsch / MEC Glück Auf e.V. Gersdorf / MEV Friedrich List Leipzig / Miniaturelbtalbahn Königstein/ Jürgen Engelking / Detlef Serbser / Michael Thomasch / Peter Riegler

ISBN 978-3-86941-342-6

Lizenzausgabe für KOMET Verlag GmbH, Köln
Gesamtherstellung: KOMET Verlag GmbH, Köln

Gestaltung: Helge Scholz

www.komet-verlag.de